ientos a las canciones ayuda a los niños a gastar su energía adicional y a aprender la letra de las canciones. No importa si usted crea ıtos con la clase o usa las sugerencias que aparecen más abajo, ¡lo importante es que sus estudiantes se muevan con la música!

Los primeros doce días de clases

Adaptación del libro: The First 12 Days of School

(Melodía: The Twelve Days of Christmas)

Nota para el maestro: Pida a los niños que creen acciones para mostrar cómo usarían los materiales escolares de la canción.

Verso 1

El primer día de clases
me dio mi maestro:
un libro del alfabeto.

Verso 2

El segundo día de clases
me dio mi maestro:
dos lápices nuevos
y un libro del alfabeto.

Verso 3

El tercer día de clases
me dio mi maestro:
tres crayones,
dos lápices nuevos
y un libro del alfabeto.

Verso 4

El cuarto día de clases
me dio mi maestro:
tres crayones,
dos lápices nuevos
y un libro del alfabeto.

Verso 5

El quinto día de clases
me dio mi maestro:
cinco estrellas de oro,
cuatro gomas de pegar,
tres crayones,
dos lápices nuevos
y un libro del alfabeto.

Verso 6

El sexto día de clases
me dio mi maestro:
seis tijeritas,
cinco estrellas de oro,
cuatro gomas de pegar,
tres crayones,
dos lápices nuevos
y un libro del alfabeto.

Verso 7

El séptimo día de clases
me dio mi maestro:
siete cajitas,
seis tijeritas,
cinco estrellas de oro,
cuatro gomas de pegar,
tres crayones,
dos lápices nuevos
y un libro del alfabeto.

Verso 8

El octavo día de clases
me dio mi maestro:
ocho libretas,
siete cajitas,
seis tijeritas,
cinco estrellas de oro,
cuatro gomas de pegar,
tres crayones,
dos lápices nuevos
y un libro del alfabeto.

Verso 9

El noveno día de clases
me dio mi maestro:
nueve reglas,
ocho libretas,
siete cajitas,
seis tijeritas,
cinco estrellas de oro,
cuatro gomas de pegar,
tres crayones,
dos lápices nuevos
y un libro del alfabeto.

Verso 10

El décimo día de clases
me dio mi maestro:
diez marcadores,
nueve reglas,
ocho libretas,
siete cajitas,
seis tijeritas,
cinco estrellas de oro,
cuatro gomas de pegar,
tres crayones,
dos lápices nuevos
y un libro del alfabeto.

Verso 11

El onceavo día de clases
me dio mi maestro:
once gomas de borrar
diez marcadores,
nueve reglas,
ocho libretas,
siete cajitas,
seis tijeritas,
cinco estrellas de oro,
cuatro gomas de pegar,
tres crayones,
dos lápices nuevos
y un libro del alfabeto.

Verso 12

El doceavo día de clases
me dio mi maestro:
doce libros de cuentos,
once gomas de borrar
diez marcadores,
nueve reglas,
ocho libretas,
siete cajitas,
seis tijeritas,
cinco estrellas de oro,
cuatro gomas de pegar,
tres crayones,
dos lápices nuevos
y un libro del alfabeto.

LEER Y APRENDER CON ALEGRÍA

Los primeros doce días de clases

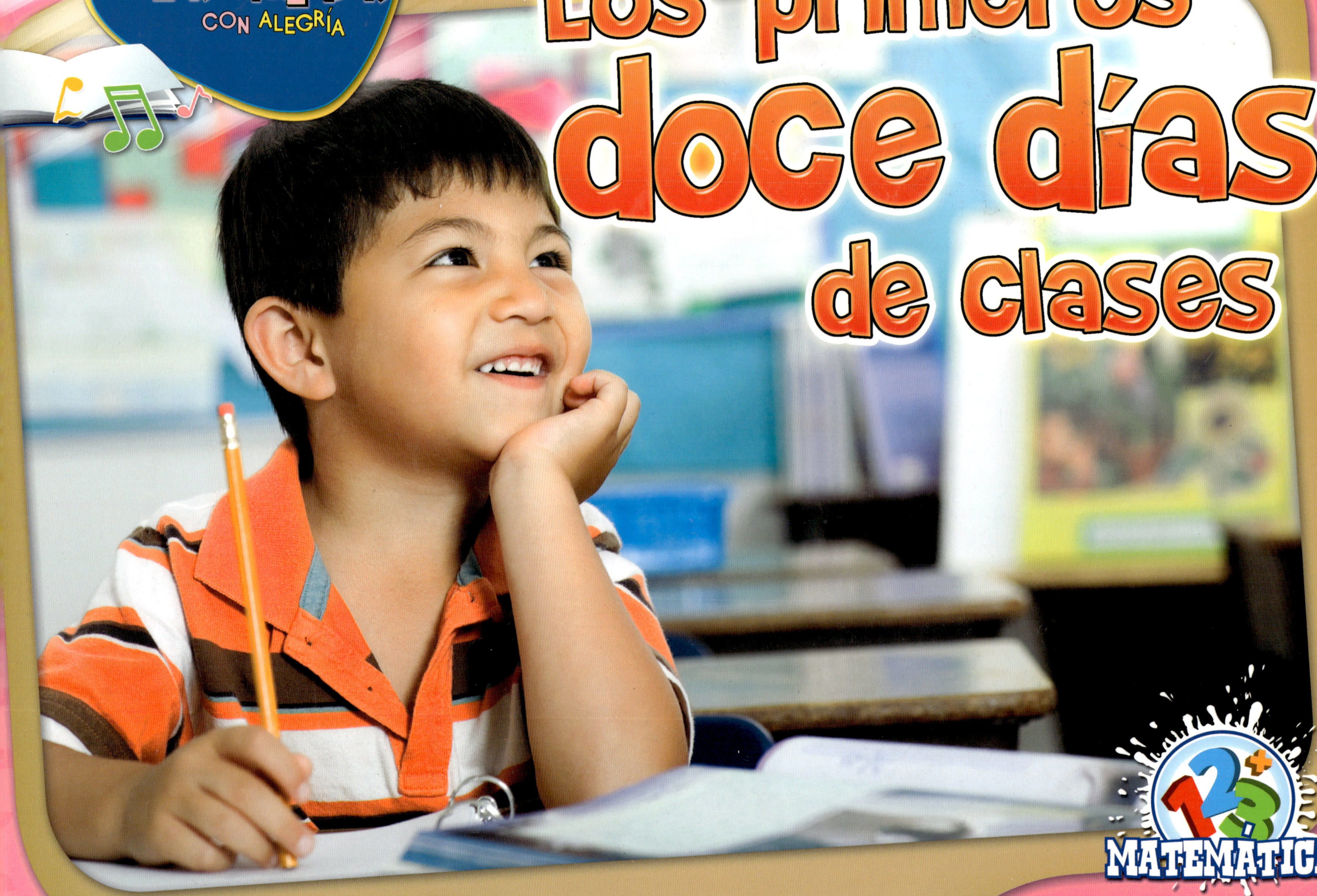

MATEMÁTICAS

Los primeros doce días de clases

Arnhilda Badía

Melodía: The Twelve Days of Christmas

Rourke Classroom
www.rourkeclassroom.com

El primer día de clases
me dio mi maestro:
un libro del alfabeto.

El segundo día de clases
me dio mi maestro:
dos lápices nuevos
y un libro del alfabeto.

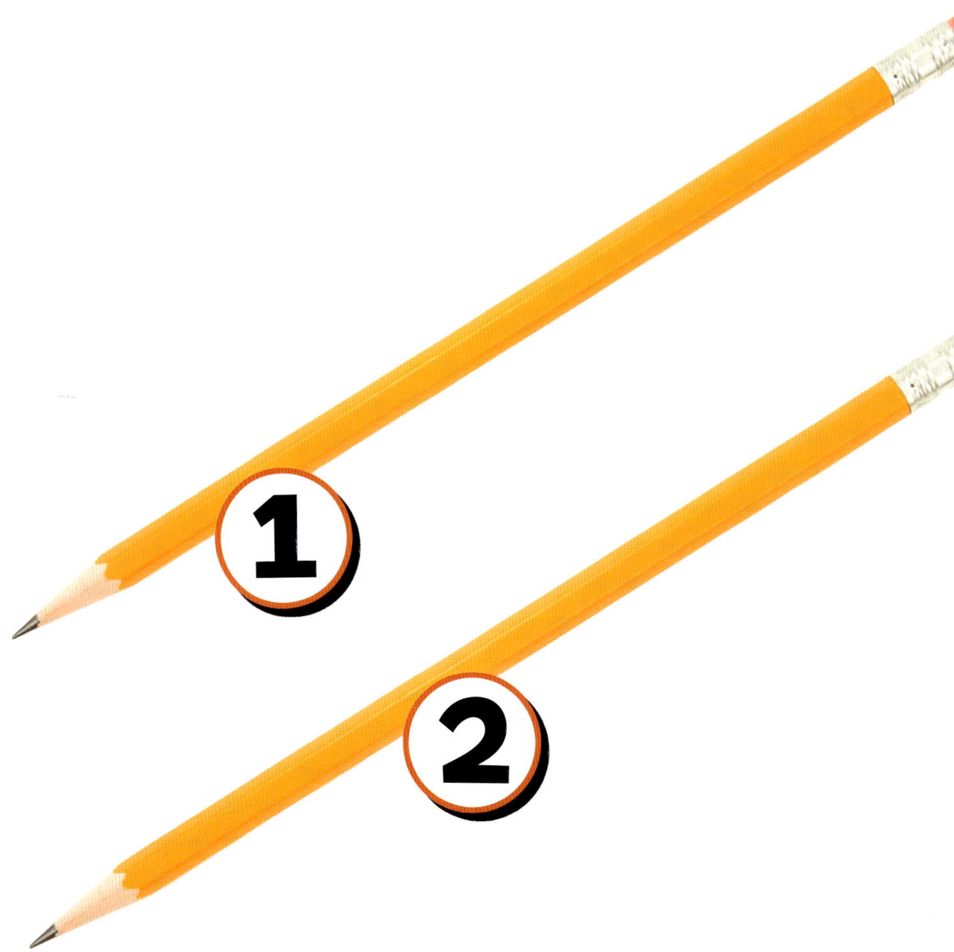

El tercer día de clases

me dio mi maestro:

tres crayones,

dos 

y un 

El cuarto día de clases

me dio mi maestro:

cuatro gomas de pegar,

tres 

dos 

y un 

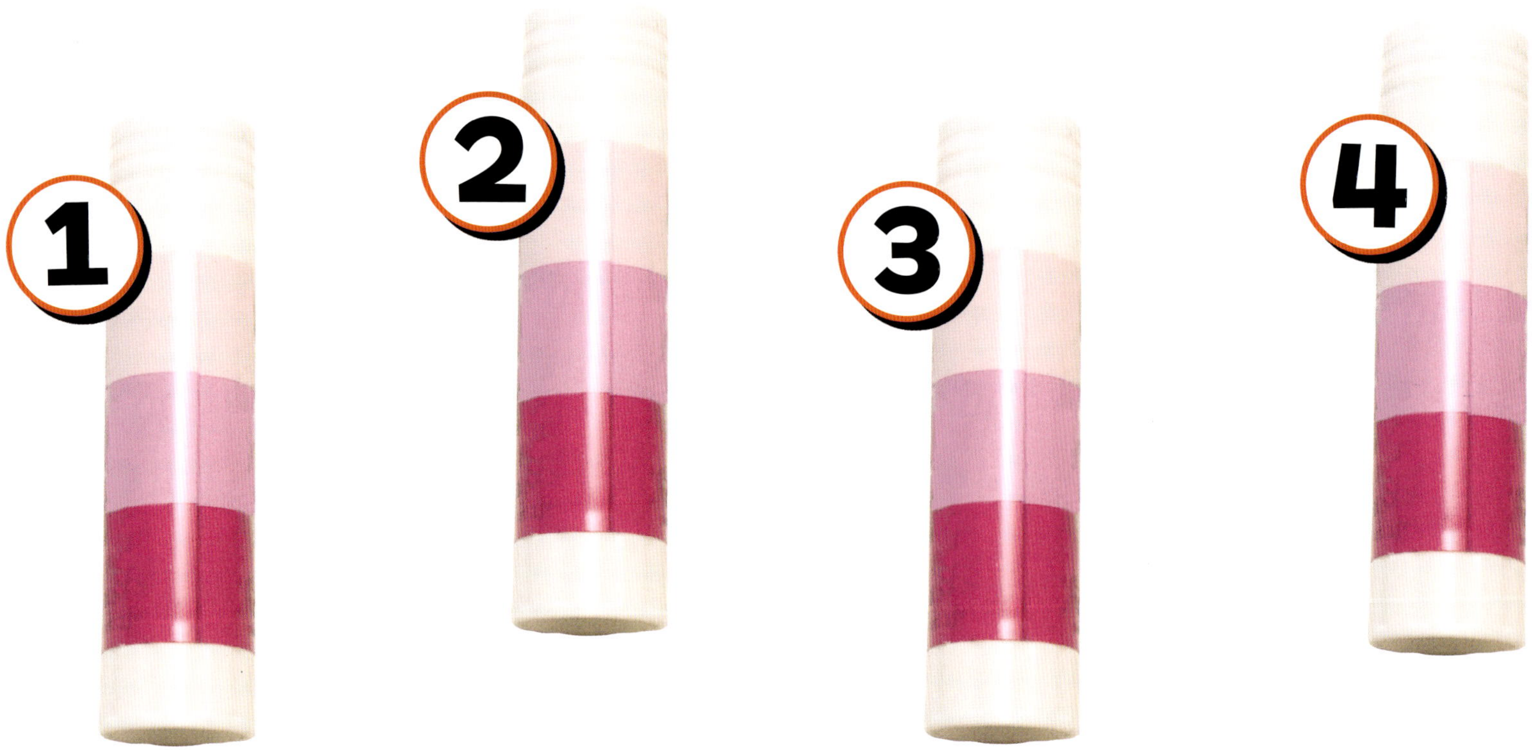

El quinto día de clases

me dio mi maestro:

cinco estrellas de oro,

cuatro 

tres 

dos 

y un 

El sexto día de clases

me dio mi maestro:

seis tijeritas,

cinco 

cuatro 

tres 

dos 

y un 

El séptimo día de clases

me dio mi maestro:

siete cajitas,

seis 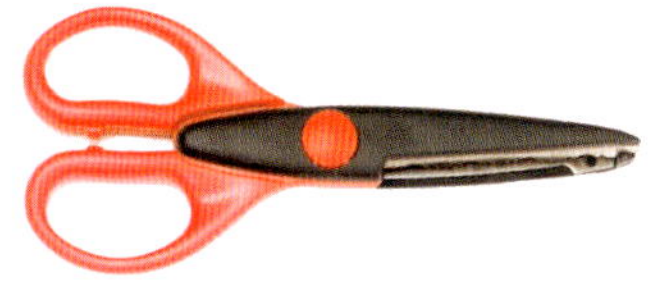

cinco 

cuatro 

tres 

dos 

y un 

El octavo día de clases

me dio mi maestro:

ocho libretas,

siete 

seis 

cinco 

cuatro 

tres 

dos 

y un 

El noveno día de clases

me dio mi maestro:

nueve reglas,

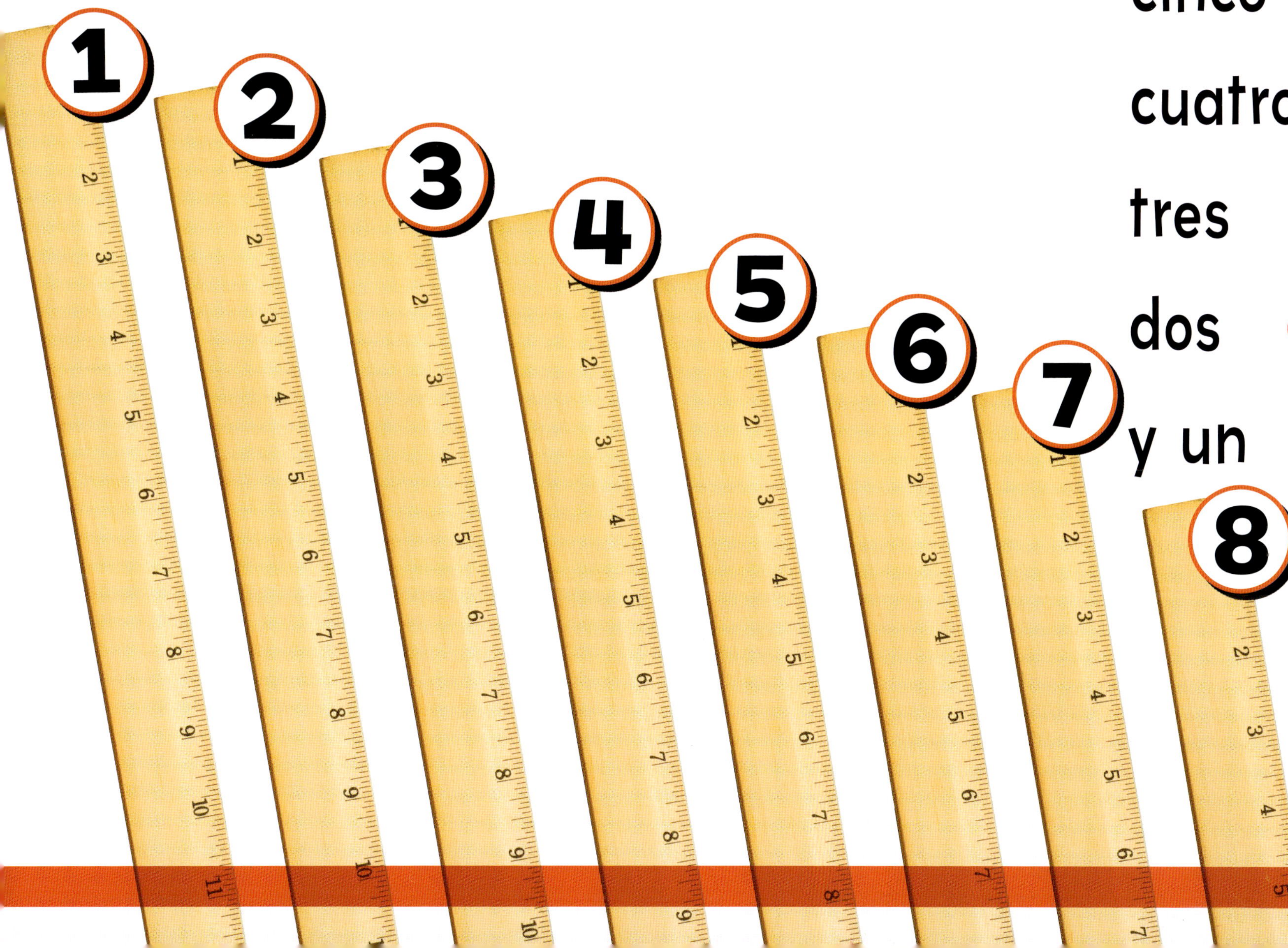

ocho 

siete 

seis 

cinco 

cuatro 

tres 

dos 

y un 

El décimo día de clases

me dio mi maestro:

diez marcadores,

nueve 

ocho 

siete 

seis 

cinco 

cuatro 

tres 

dos 

y un 

El onceavo día de clases

me dio mi maestro:

once gomas de borrar,

diez 

nueve 

ocho 

siete 

seis 

cinco 

cuatro 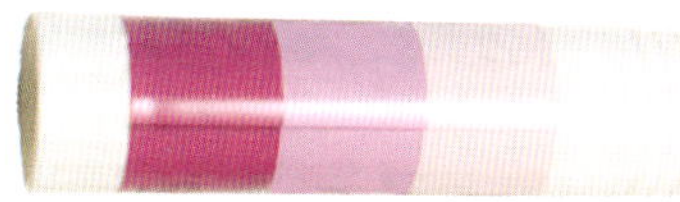

tres 

dos 

y un 

El doceavo día de clases

me dio mi maestro:

doce libros de cuentos,

once 

diez 

nueve 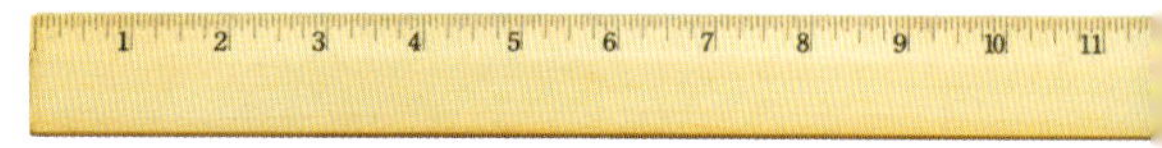

ocho 

siete 

seis 

cinco 

cuatro 

tres 

dos 

y un